电网企业作业现场
反违章图解

国网新疆电力有限公司 编

中国电力出版社
CHINA ELECTRIC POWER PRESS

内 容 提 要

为贯彻落实国家电网有限公司关于深入开展"安全生产反违章"工作的要求,本书将《国家电网公司电力安全工作规程》与作业现场实际违章图例相结合进行分析,以便现场人员加深理解和记忆。

本书内容包括行为违章、管理违章和装置违章,每种违章都包括违章现象、违反条款和违章后果,旨在帮助现场作业人员提高反违章意识,掌握规章制度,提高工作技能,并更好地夯实安全生产工作基础。

图书在版编目(CIP)数据

电网企业作业现场反违章图解 / 国网新疆电力有限公司编. — 北京:中国电力出版社,2021.6
ISBN 978-7-5198-5489-8

Ⅰ. ①电… Ⅱ. ①国… Ⅲ. ①电力工业－安全生产－违章作业－图解 Ⅳ. ①TM08-64

中国版本图书馆CIP数据核字(2021)第050401号

出版发行:中国电力出版社
地　　址:北京市东城区北京站西街19号(邮政编码100005)
网　　址:http://www.cepp.sgcc.com.cn
责任编辑:丁　钊　(010-63412393)
责任校对:黄　蓓　李　楠
装帧设计:唯佳文化
责任印制:杨晓东

印　　刷:北京博海升彩色印刷有限公司
版　　次:2021年6月第一版
印　　次:2021年6月北京第一次印刷
开　　本:889毫米×1194毫米　横48开本
印　　张:2.375
字　　数:190千字
定　　价:59.00元

《电网企业作业现场反违章图解》编委会

主　　任	温　刚					
副 主 任	王晓斌	肖　锋				
编　　委	徐　闯	苏　峰	戴晓非	斯地克·买买提	章新涛	周　明
主　　编	周　明	章新涛				
副 主 编	刘中正	姬　印				
参　　编	王智明	吕春晖	刘旭恒	张永建	亚里坤·阿不都尼亚孜	
	唐清国	李　坚	李　泉	黄　玲	李　平	李志强　刘　静
	罗　洋	汪正刚	王立元	王远瑞	刘　杰	李　刚　王志军
	李修军	曾　波	张　波	田　野	徐春雷	李　超　李晓利
	魏海鹏	邹　丽	黄豆豆			

前 言
Preface

为努力实现不发生人身伤亡和恶性误操作事故，不发生电网大面积停电事故，不发生重特大设备损坏事故的"三个不发生"安全生产基本目标，从"安全第一、预防为主、综合治理"方针理念出发，加强安全管理基础工作，健全反违章工作机制，以规范人的行为和现场管理为着力点，以开展作业现场反违章为突破口，在供电企业开展安全生产反违章工作。

我们组织编写本书，主要是为确保电网安全生产持续稳定，全面提升安全生产的"可控、能控、在控"能力与水平，使广大一线管理人员和操作人员更好、更快地理解和掌握反违章工作内涵。本书采用图文并茂方式，以便读者能快速、熟练掌握违章现象、违反条款、违章后果等内容，使反违章工作能真正深入到基层、深入到班组、深入到每一位员工，确保反违章工作扎实有效推进，杜绝事故的发生。

本书可作为供电企业电力生产一线的管理人员和操作人员日常安全生产反违章的工具书。本书按照"三个百分之百"要求，以"保护人的生命，杜绝责任事故"为安全工作重点，以亲情安全和反违章工作为突破口，牢固树立安全发展理念，积极营造安全文化氛围，全面了解违章是导致各类事故发生的主要原因，结合违章现象、违反条款能更加直观、准确地认识违章的危害；同时综合近年来遇到的实际违章问题，对违章造成的后果和风险也进行了明确，对安全警示教育有重要的指导意义。

衷心希望本书能帮助广大电力员工在开展"安全生产反违章"工作中进一步统一思想、提高认识，坚定"风险可以防范、失误应该避免、事故能够控制"信念，在营造全员反违章、全员抓违章的工作氛围中发挥积极作用。

目 录
Contents

前言

目 录

Contents

第一章

行为违章

1 违章现象：接触检修设备前未进行验电。

违反条款 ▶▶

《国家电网公司电力安全工作规程（配电部分）》第 8.1.3 条：低压电气工作前，应用低压验电器或测电笔检验检修设备、金属外壳和相邻设备是否有电。

违章后果 ▶▶

易发生**人身触电伤害**。

2 **违章现象**：拉合低压隔离开关（刀闸）时，未戴护目镜。

违反条款 ▶▶

《国家电网公司电力安全工作规程（配电部分）》第 8.1.1 条：低压电气带电工作应戴手套、护目镜，并保持对地绝缘。

违章后果 ▶▶

隔离开关（刀闸）弧光易造成**作业人员眼睛虹膜灼伤事故**。

3 **违章现象：** 低压配电线路停电作业时用户出线低压断路器（空气开关）未拉开。

违反条款 ▶▶▶

《国家电网公司电力安全工作规程（配电部分）》第4.2.7条：低压配电线路和设备检修，应断开所有可能来电的电源（包括解开电源侧和用户侧连接线）。

违章后果 ▶▶▶

用户出线低压断路器（空气开关）未拉开，易造成其自备电源**反送**至检修线路，导致作业人员**触电伤害事故**。

4 **违章现象**：低压电气带电工作使用的工器具，其外裸露的导电部位未采取绝缘包裹。

违反条款 ▶▶▶

《国家电网公司电力安全工作规程（配电部分）》第 8.1.8 条：低压电气带电工作使用的工具应有绝缘柄，其外裸露的导电部位应采取绝缘包裹措施。

违章后果 ▶▶▶

工器具裸露部位易误碰有电设备，将造成作业人员**触电伤害或相间短路事故**。

5 违章现象：用户侧出线未进行绝缘包裹。

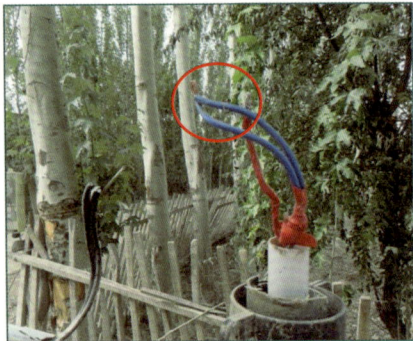

违反条款 ▶▶

《国家电网公司电力安全工作规程（配电部分）》第 8.1.5 条：低压电气工作时，拆开的引线、断开的线头应采取绝缘包裹等遮蔽措施。

违章后果 ▶▶

线头带电，一旦误碰，将使相间短路或接地，导致人员弧光灼伤及低压触电伤害事故。

6 违章现象：进入作业现场未戴安全帽。

▌违反条款 »

《国家电网公司电力安全工作规程（配电部分）》第 2.1.6 条：进入作业现场应正确佩戴安全帽，现场作业人员还应穿全棉长袖工作服、绝缘鞋。

▌违章后果 »

作业现场未正确佩戴安全帽，头部易受到物体打击，危及生命。

⑦ 违章现象： 未按要求设置围栏（遮拦），外部人员可随意进出作业现场。

▌违反条款 ▶▶

《国家电网公司电力安全工作规程（营销部分）》第11.3.5条：在部分停电或作业地点临近带电设备时，工作负责人应在开工之前明确工作范围并组织设置围栏（遮拦）。

▌违章后果 ▶▶

外部无关人员进出临近带电作业点，作业时有可能导致**意外伤害**，一旦**误碰带电设备**，还将造成**触电伤害**。

8 **违章现象**：高处作业未搭设脚手架，未使用登高工具。

违反条款 ▶▶▶

《国家电网公司电力安全工作规程（配电部分）》第17.1.3条：高处作业应搭设脚手架、使用高空作业车、升降平台或采取其他防止坠落的措施。

违章后果 ▶▶▶

作业人员登高措施不完善，易发生高处坠落事故。

9 **违章现象：现场急救药品过期。**

违反条款 ▶▶▶

《国家电网公司电力安全工作规程（变电部分）》第4.2.2条：经常有人工作的场所及施工车辆上宜配备急救箱，存放急救用品，并应指定专人经常检查、补充或更换。

违章后果 ▶▶▶

易造成被救治人员延误救治及二次伤害。

❿ 违章现象：增加工作任务未按要求正确履行签发、许可手续。

配电第一种工作票（外委）

违反条款 ▶▶▶

《国家电网公司电力安全工作规程（配电部分）》第 3.3.9.12 条：在原工作票的停电及安全措施范围内增加工作任务时，应由工作负责人征得工作票签发人和工作许可人同意，并在工作票上增填工作项目。若需变更或增设安全措施，应填用新的工作票，并重新履行签发、许可手续。

违章后果 ▶▶▶

超范围工作，易导致安全措施不完整，一旦误碰带电设备，将对作业人员造成触电伤害事故。

11 **违章现象：作业人员未在接地线的保护范围内作业。**

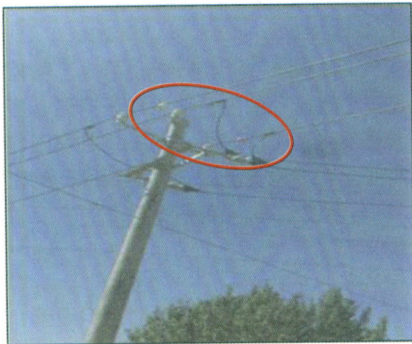

违反条款 ▶▶▶

《国家电网公司电力安全工作规程（配电部分）》第 4.4.7 条：作业人员应在接地线的保护范围内作业。禁止在无接地线或接地线装设不齐全的情况下进行高压检修作业。

违章后果 ▶▶▶

作业地段无接地措施，反送电、感应电易造成**人身触电伤害**。

12 **违章现象：脚扣无试验合格证。**

┃ 违反条款 ▶▶▶

《国家电网公司电力安全工作规程（配电部分）》第
14.6.2.1条： 安全工器具应进行国家规定的型式试验、出厂试
验和使用中的周期性试验。

┃ 违章后果 ▶▶▶

使用不合格脚扣，易造成高处坠落伤害。

13 违章现象：漏挂"禁止合闸，线路有人工作！"标示牌。

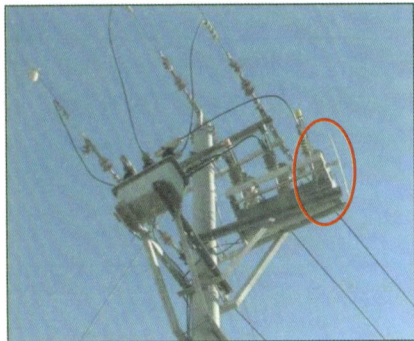

违反条款 ▶▶▶

《国家电网公司电力安全工作规程（配电部分）》第4.5.3条：在一经合闸即可送电到工作地点的断路器（开关）和隔离开关（刀闸）的操作处或机构箱门锁把手上及熔断器操作处，应悬挂"禁止合闸，有人工作！"标示牌；若线路上有人工作，应悬挂"禁止合闸，线路有人工作！"标示牌。

违章后果 ▶▶▶

无警示标识，易造成**误操作送电伤人事故**。

14 **违章现象**：未拉开有关隔离开关（刀闸）触及线路和设备。

┃ 违反条款 >>>

《国家电网公司电力安全工作规程（配电部分）》第5.2.6.14条：配电线路和设备停电后，在未拉开有关隔离开关（刀闸）和做好安全措施前，不得触及线路和设备或进入遮拦（围栏），以防突然来电。

┃ 违章后果 >>>

线路停电检修，配电变压器台区在未拉开隔离开关（刀闸）的情况下，有可能出现反送电，造成人身触电伤害事故。

15 违章现象：高压跌落式熔断器未取下熔管。

违反条款 ▶▶▶

《国家电网公司电力安全工作规程（配电部分）》第 4.2.8 条：熔断器的熔管应摘下或悬挂"禁止合闸，有人工作！"或"禁止合闸，线路有人工作！"的标示牌。

违章后果 ▶▶▶

易导致跌落式熔断器误合，将对作业人员造成**人身触电伤害**。

16 **违章现象：** 高压验电未戴绝缘手套。

┃ 违反条款 ▶▶▶

《国家电网公司电力安全工作规程（配电部分）》第 4.3.3 条：使用伸缩式验电器，绝缘棒应拉到位，验电时手应握在手柄处，不得超过护环，宜戴绝缘手套。

┃ 违章后果 ▶▶▶

高压验电未佩戴绝缘手套，一旦绝缘棒绝缘性能降低，带电体将对操作人员手臂放电，造成**人身触电伤害，严重者危及生命**。

17 违章现象：未经接地保护剥除绝缘层。

▌违反条款 ▶▶▶

《国家电网公司电力安全工作规程（配电部分）》第 4.4.7 条：作业人员应在接地线的保护范围内作业。禁止在无接地线或接地线装设不齐全的情况下进行高压检修作业。

▌违章后果 ▶▶▶

作业人员在没有装设接地线的前提下剥除绝缘线外绝缘层，易发生因设备误动而导致线路带电，进而造成剥线**人身触电伤害**。

18 **违章现象：作业人员碰触接地线。**

▌违反条款 ▶▶

《国家电网公司电力安全工作规程（配电部分）》第4.4.8条：装设、拆除接地线均应使用绝缘棒并戴绝缘手套，人体不得碰触接地线或未接地的导线。

▌违章后果 ▶▶

作业人员触碰可能带电的接地线，易造成**人员触电伤害**。

19 违章现象：操作人员装设接地线，未戴绝缘手套。

违反条款 ▶▶

《国家电网公司电力安全工作规程（配电部分）》第4.4.8条：装设、拆除接地线均应使用绝缘棒并戴绝缘手套，人体不得碰触接地线或未接地的导线。

违章后果 ▶▶

装设接地线未佩戴绝缘手套，一旦绝缘棒绝缘性能降低，带电体将对操作人员手臂放电，造成**身体触电伤害，严重者危及生命**。

20 违章现象：工作票已执行，未按要求打"√"确认。

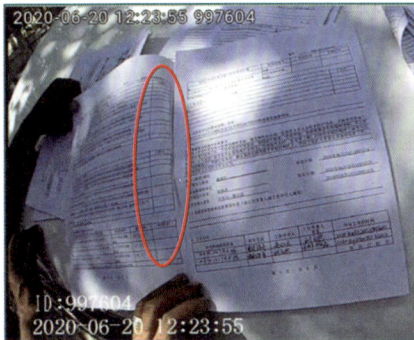

违反条款 ▶▶

《国网新疆电力公司工作票填写标准》：已执行栏必须打"√"，现场核对后逐项确认。

违章后果 ▶▶

易发生安全措施内容漏项，将造成设备误操作损坏及 **人身伤害事故**。

21 违章现象：人员密集区域作业未装设围栏。

违反条款 ▶▶▶

《国家电网公司电力安全工作规程（配电部分）》第4.5.12条：城区、人口密集区或交通道口和通行道路上施工时，工作场所周围应装设遮拦（围栏），并在相应部位装设警告标示牌。必要时，派人看管。

违章后果 ▶▶▶

易使无关人员进入作业区域，造成**高处坠物打击伤害**。

22 **违章现象：** 作业场所未装设安全警告标示牌。

违反条款 ▶▶▶

《国家电网公司电力安全工作规程（配电部分）》第 6.3.2 条：居民区和交通道路附近立、撤杆，应设警戒范围或警告标志，并派人看守。

违章后果 ▶▶▶

工作地段易发生**道路交通事故**。

23 违章现象：工作人员越过围栏。

违反条款

　　《国家电网公司电力安全工作规程（配电部分）》第 4.5.13 条：禁止越过遮拦（围栏）。

违章后果

　　易使工作人员受到**意外伤害事故**。

24 **违章现象**：专责监护人未履行监护职责，从事与监护无关的工作。

违反条款 ▶▶

《国家电网公司电力安全工作规程（配电部分）》第 3.5.4 条：专责监护人不得兼做其他工作。

违章后果 ▶▶

监护人不履责，导致作业人员违章行为得不到提醒和纠正，易发生高处坠落伤害。

25 违章现象：杆塔上换位作业时失去安全绳保护。

违反条款 ▶▶

《国家电网公司电力安全工作规程（配电部分）》第 6.2.3 条：在杆塔上作业时，宜使用有后备保护绳或速差自锁器的双控背带式安全带，安全带和保护绳应分挂在杆塔不同部位的牢固构件上。

违章后果 ▶▶

作业人员杆塔上转位时，易发生高处坠落伤害。

26 **违章现象：** 立杆后回填土未按要求夯实。

违反条款 ▶▶

《国家电网公司电力安全工作规程（配电部分）》第6.3.13条：已经立起的杆塔，回填夯实后方可撤去拉绳及叉杆。

违章后果 ▶▶

登杆作业时，易发生**倒杆伤人事故**。

27 违章现象：下方人员调整拉线期间杆上有人工作。

▌违反条款 ▶▶

《国家电网公司电力安全工作规程（配电部分）》第 6.2.2 条：杆塔作业应禁止以下行为：

（1）禁止攀登杆基未完全牢固或未做好临时拉线的新立杆塔。

▌违章后果 ▶▶

杆塔上作业临时调整拉线，易使杆塔稳定性遭到破坏，将发生**倒杆、断杆伤人事故**。

28 违章现象：放紧线未装设临时拉线。

▌违反条款 ▶▶

《国家电网公司电力安全工作规程（配电部分）》第 6.4.5 条：紧线、撤线前，应检查拉线、桩锚及杆塔。必要时，应加固桩锚或增设临时拉线。

▌违章后果 ▶▶

易发生**倒杆伤人事故**。

29 **违章现象：放线滑轮开门勾环未锁扣。**

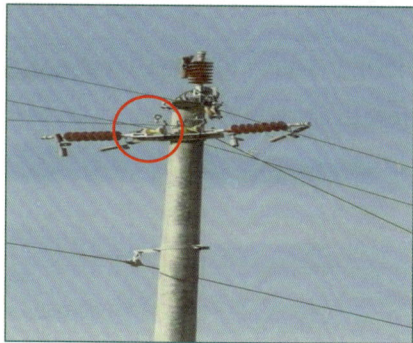

违反条款 ▶▶

《国家电网公司电力安全工作规程（线路部分）》第14.2.14.2条：使用开门滑车时，应将开门勾环扣紧，防止绳索自动跑出。

违章后果 ▶▶

易造成**导线损伤及脱落伤人**。

30　违章现象：施工器具放置在横担上，未采取固定措施。

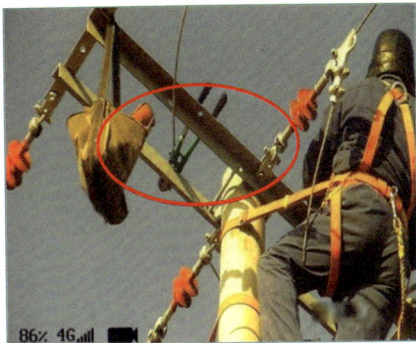

违反条款 ▶▶▶

《国家电网公司电力安全工作规程（配电部分）》第17.1.5条：高处作业应使用工具袋。上下传递材料、工器具应使用绳索；邻近带电线路作业的，应使用绝缘绳索传递，较大的工具应用绳拴在牢固的构件上。

违章后果 ▶▶▶

易发生**高空坠物伤人**。

31 违章现象：开挖杆塔基础，未加装反向临时拉线。

违反条款 ▶▶

《国家电网公司电力安全工作规程（配电部分）》第6.1.8条：杆塔基础附近开挖时，应随时检查杆塔稳定性。若开挖影响杆塔的稳定性时，应在开挖的反方向加装临时拉线，开挖基坑未回填时禁止拆除临时拉线。

违章后果 ▶▶

易造成杆塔稳定性破坏，发生倒杆断线伤人。

32 **违章现象：** 汽车式起重机未按规定设置支腿垫木。

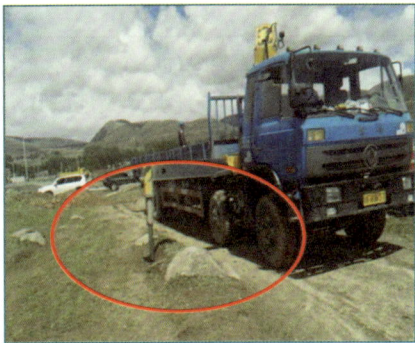

┃ 违反条款 ▶▶

《国家电网公司电力安全工作规程（电网建设部分）》第 5.1.2.2 条：汽车式起重机作业前应支好全部支腿，支腿应加垫木。

┃ 违章后果 ▶▶

起吊重物时易**导致自备起重机倾覆伤人事故**。

33 **违章现象：** 起重机司机在作业过程中未佩戴安全帽。

▌ **违反条款** ▶▶

　《国家电网公司电力安全工作规程（配电部分）》第 2.1.6 条：进入作业现场应正确佩戴安全帽，现场作业人员还应穿全棉长袖工作服、绝缘鞋。

▌ **违章后果** ▶▶

　起重机司机头部易受到**物体打击伤害事故**。

34 **违章现象：吊臂下方站人。**

▌违反条款 ▶▶

《国家电网公司电力安全工作规程（配电部分）》第16.2.3条：在起吊、牵引过程中，受力钢丝绳的周围、上下方、转向滑车内角侧、吊臂和起吊物的下面，禁止有人逗留和通过。

▌违章后果 ▶▶

起重车辆机械及操作失误，易造成**吊物坠落伤人及机械伤害事故**。

35 **违章现象：戴手套使用大锤，挥动方向对人。**

▌违反条款 ▶▶

《国家电网公司电力安全工作规程（电网建设部分）》第 **5.3.6.2 条：**大锤、手锤、手斧等甩打性工具的把柄应用坚韧的木料制作，锤头应用金属背楔加以固定。打锤时，握锤的手不得戴手套，挥动方向不得对人。

▌违章后果 ▶▶

打锤时，锤头易发生滑脱伤人事故。

36 违章现象：采用树木作受力桩。

‖违反条款 ▶▶

《国家电网公司电力安全工作规程（线路部分）》第9.3.10条：立、撤杆作业现场，不准利用树木或外露岩石作受力桩。

‖违章后果 ▶▶

易使树木折断发生倒杆塔、钢丝绳弹跳伤人事故。

37 违章现象：工作票所列人数与实际签名人数不符。

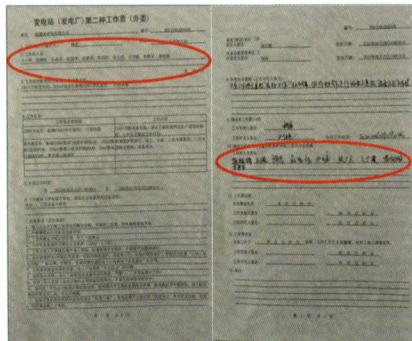

违反条款 ▶▶

《国家电网公司电力安全工作规程（变电部分）》第6.3.11.2c)条：工作负责人在工作前应对工作班成员进行工作任务、安全措施、技术措施交底和危险点告知，并确认每个工作班成员都已签名。

违章后果 ▶▶

工作班成员不履行交底签名手续，将不清楚作业现场的工作任务、安全防范措施、危险点和注意事项，易发生**触电**、**高坠**、**落物伤人**、**机械伤害等人身伤害事故**。

38 违章现象：工作票随意涂改。

违反条款 ▶▶

《国家电网公司电力安全工作规程（变电部分）》第6.3.7.1条：工作票应使用黑色或蓝色的钢（水）笔或圆珠笔填写与签发，一式两份，内容应正确，填写应清楚，不得任意涂改。如有个别错、漏字需要修改，应使用规范的符号，字迹应清楚。

违章后果 ▶▶

工作不严谨、责任心缺失导致组织措施不完善，易产生**违章作业酿成事故**。

39 违章现象：已许可开工的工作票，工作负责人未履行签字手续。

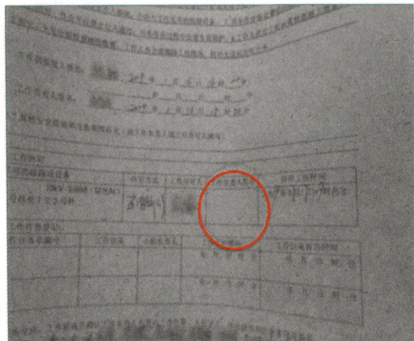

▌违反条款 ▶▶

　　《国家电网公司电力安全工作规程（配电部分）》第3.4.9条：工作许可人和工作负责人应在工作票上记录许可时间，并分别签名。

▌违章后果 ▶▶

　　工作票执行不严格，工作负责人一旦履责不到位，未对现场安全措施是否完备进行全面检查确认，作业过程中易发生**人身和设备事故**。

40 违章现象：安全工器具（绝缘手套）未粘贴试验合格标签。

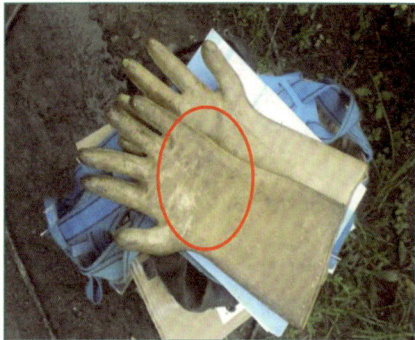

违反条款 ▶▶

《国家电网公司电力安全工作规程（线路部分）》第14.4.3.3条：安全工器具经试验合格后，应在不妨碍绝缘性能且醒目的部位粘贴合格证。

违章后果 ▶▶

辅助安全工器具（绝缘手套）未经鉴定合格使用，绝缘性能无保障时，易造成作业**人身触电伤害**。

41 违章现象：擅自使用万能解锁钥匙进行解锁。

违反条款 ▶▶▶

《国家电网公司电力安全工作规程（变电部分）》第5.3.6.5条：解锁工具（钥匙）应封存保管，所有操作人员和检修人员禁止擅自使用解锁工具（钥匙）。

违章后果 ▶▶▶

易发生误操作，将造成**人身触电伤害或设备事故**。

42　违章现象：接地线导体端装设处未去除相色油漆层。

违反条款 ▶▶▶

《国家电网公司电力安全工作规程（变电部分）》第 7.4.8 条：在配电装置上，接地线应装在该装置导电部分的规定地点，应去除这些地点的油漆或绝缘层，并划有黑色标记。

违章后果 ▶▶▶

导体端接地不良，将造成剩余电荷无法得到对地可靠释放，人身触及易造成触电伤害或导致测试仪表损坏事故。

43 违章现象：接地线导线端接触不牢。

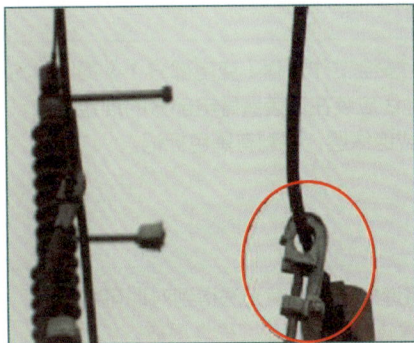

违反条款 ▶▶▶

《国家电网公司电力安全工作规程（变电部分）》第 7.4.9 条：装设接地线应先接接地端，后接导体端，接地线应接触良好，连接应可靠。

违章后果 ▶▶▶

接地线夹与导线端接触不良，人员触及易导致**触电伤害**。

44 违章现象：单人在高压室内作业。

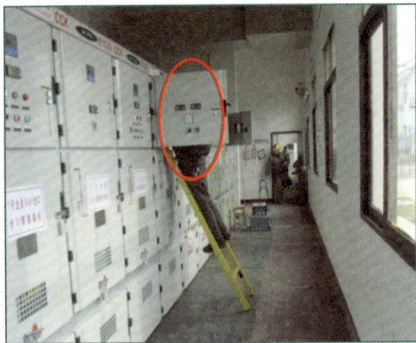

违反条款 ▶▶

《国家电网公司电力安全工作规程（变电部分）》第6.5.2条：所有工作人员（包括工作负责人）不许单独进入、滞留在高压室、阀厅内和室外高压设备区内。

违章后果 ▶▶

现场失去监护，易发生误入带电间隔，误碰运行设备，会造成**人身触电伤害或高处滑跌事故**。

45 **违章现象：** 保护屏柜门外壳接地线连接处脱落。

违反条款 ▶▶▶

《国家电网公司电力安全工作规程（变电部分）》第16.3.1条：所有电气设备的金属外壳均应有良好的接地装置。

违章后果 ▶▶▶

屏柜失去可靠的等电位接地，一旦漏电，易发生**人身触电伤害事故**。

46 **违章现象**：在继电保护屏上作业，与运行设备的分割标志不明显。

违反条款 ▶▶

《国家电网公司电力安全工作规程（变电部分）》第13.8条：在全部或部分带电的运行屏（柜）上进行工作时，应将检修设备与运行设备以明显的标志隔开。

违章后果 ▶▶

易误触碰运行设备，导致投运中的**保护装置误操作、误动作事故**。

47 **违章现象**：放线架未设置制动装置。

违反条款 ▶▶

《国家电网公司电力安全工作规程（线路部分）》第9.4.3条：放线、紧线前，应检查导线有无障碍物挂住，导线与牵引绳的连接应可靠，线盘架应稳固可靠、转动灵活、制动可靠。

违章后果 ▶▶

易因放线产生的惯性，导致设备、人身伤害。

48 **违章现象：** 电源线未规范使用插头。

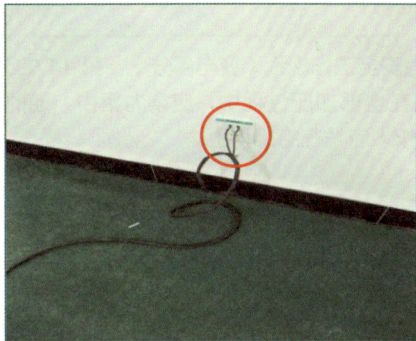

违反条款 ▶▶▶

《国家电网公司电力安全工作规程（电网建设部分）》第3.5.4.19条：禁止将电源线直接钩挂在闸刀上或直接插入插座内使用。

违章后果 ▶▶▶

易发生**人身触电伤害**。

49 违章现象：高压试验人员未使用绝缘垫。

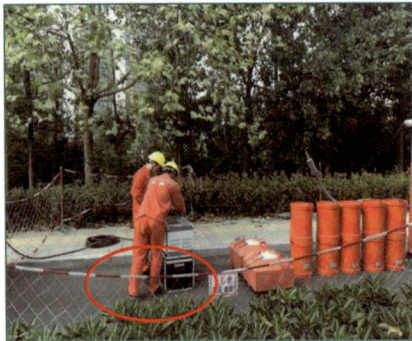

┃ 违反条款 ▶▶▶

《国家电网公司电力安全工作规程（变电部分）》第 14.1.6 条：高压试验作业人员在全部加压过程中，应精力集中，随时警戒异常现象发生，操作人应站在绝缘垫上。

┃ 违章后果 ▶▶▶

易导致**人身触电伤害**。

50 违章现象：试验装置接地线采用缠绕方式进行接地。

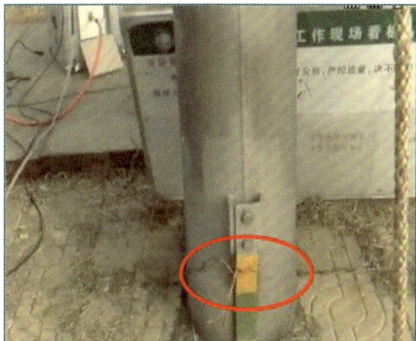

违反条款 ▶▶

《国家电网公司电力安全工作规程（变电部分）》第7.4.10条：接地线应使用专用的线夹固定在导体上，禁止用缠绕的方法进行接地或短路。

违章后果 ▶▶

试验装置接地不可靠，将失去接地保护，会造成**人身触电伤害或试验设备损坏事故**。

51 **违章现象：**电缆沟施工现场未装设围栏。

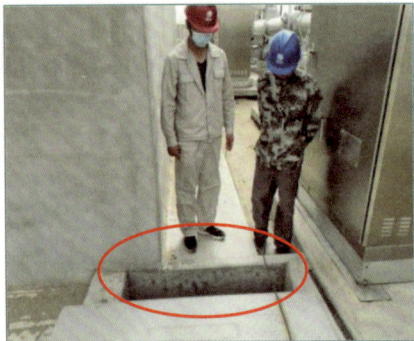

违反条款 ▶▶

《国家电网公司电力安全工作规程（电网建设部分）》第 3.1.6 条：坑、沟、孔洞等均应铺设符合安全要求的盖板或设可靠的围栏、挡板及安全标志。危险场所夜间应设置警示灯。

违章后果 ▶▶

易造成**意外坠落伤害事故**。

52 违章现象：有限空间作业，未通风、未检测有毒气体。

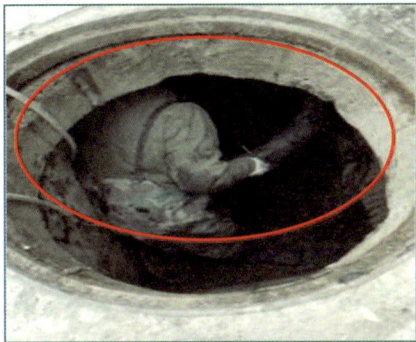

违反条款 ▶▶

　　《国家电网公司电力安全工作规程（变电部分）》第15.2.1.11条：电缆沟的盖板开启后，应自然通风一段时间，经测试合格后方可下井沟工作。电缆井、隧道内工作时，通风设备应保持常开。

违章后果 ▶▶

　　有限空间作业，易发生**人员有害气体窒息或中毒伤害事故**。

53 违章现象：电缆孔洞、穿管未封堵。

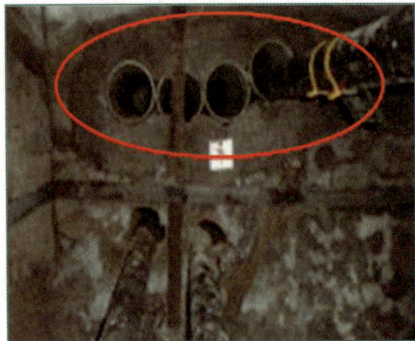

违反条款 ▶▶▶

《国家电网公司电力安全工作规程（配电部分）》第2.3.10条：电缆孔洞，应用防火材料严密封堵。

违章后果 ▶▶▶

易通过电缆孔洞、穿管渗水或小动物进入，并失去防火阻燃作用，造成**电缆及运行设备受潮或损坏及扩大火灾事故**。

54 违章现象：施工措施未经单位相关负责人审批签字。

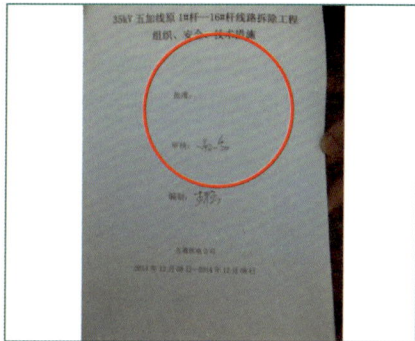

▌违反条款 ▶▶▶

《国家电网公司电力安全工作规程（线路部分）》第 5.2.2 条：根据现场勘察结果，对危险性、复杂性和困难程度较大的作业项目，应编制组织措施、技术措施、安全措施，经本单位批准后执行。

▌违章后果 ▶▶▶

施工方案措施未审批，导致作业现场风险得不到有效识别和管控，易造成**人身和设备事故**。

55 违章现象：作业人员验电越过护环位置。

违反条款 ▶▶▶

《国家电网公司电力安全工作规程（线路部分）》第14.4.2.2条：验电器使用时，作业人员手不准越过护环或手持部分的界限。

违章后果 ▶▶▶

人体与带电设备安全距离不足，导致**人身触电伤害事故**。

56 违章现象：吊臂起吊物下方有多人逗留。

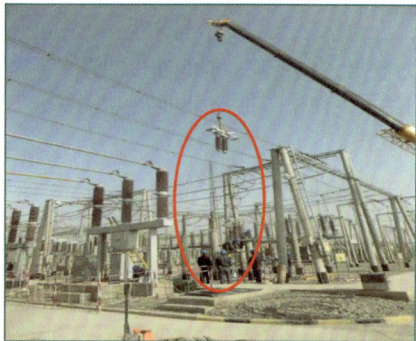

▎违反条款 ▶▶▶

《国家电网公司电力安全工作规程（线路部分）》第11.1.8条：在起吊、牵引过程中，受力钢丝绳的周围、上下方、转向滑车内角侧、吊臂和起吊物的下面，禁止有人逗留和通过。

▎违章后果 ▶▶▶

起重车辆机械及操作失误，易造成**吊物坠落伤人及机械伤害事故**。

57 违章现象：使用非载人机械从事高空作业。

违反条款 ▶▶

《国家电网公司电力安全工作规程（电网建设部分）》第5.1.1.7条：吊物上不可站人，禁止作业人员利用吊钩上升或下降。禁止用起重机械载运人员。

违章后果 ▶▶

易发生作业人员高处坠落事故。

58 违章现象：搭设跨越架装设的接地线安装不牢固。

违反条款 ▶▶▶

《国家电网公司电力安全工作规程（电网建设部分）》第6.3.1.5条：钢管脚手架应有防雷接地措施，整个架体应从立杆根部引设两处（对角）防雷接地。第8.3.2.8条：禁止使用不符合规定的导线做接地线或短路线，接地线应使用专用的线夹固定在导体上，禁止用缠绕的方法进行接地或短路。

违章后果 ▶▶▶

接地线安装不牢固或脱落，作业场所将**失去接地保护**，造成人员**意外触电和雷电伤害事故**。

59 违章现象：脚手架地基不平整。

违反条款 ▶▶

《国家电网公司电力安全工作规程（电网建设部分）》第6.3.3.1条：脚手架地基应平整坚实，回填土地基应分层回填、夯实，脚手架立杆垫板或底座底面标高应高于自然地坪50mm ~ 100mm，确保立杆底部不积水。

违章后果 ▶▶

易导致脚手架倾倒伤人及设备损坏事故。

60 违章现象：跨越架未悬挂警示标志。

跨越架未悬挂警示标志

违反条款 ▶▶▶

《国家电网公司电力安全工作规程（电网建设部分）》10.1.1.10条：跨越架上应悬挂醒目的警告标志及夜间警示装置。

违章后果 ▶▶▶

跨越架被外力触碰后，易造成**倾斜、倒塌，导致高处坠落、物体打击及触电伤害事故**。

61 **违章现象：现场人员高处作业无安全防护。**

违反条款 ▶▶▶

《国家电网公司电力安全工作规程（电网建设部分）》第 **4.1.10 条：** 高处作业的平台、走道、斜道等应装设不低于 1.2m 高的护栏（0.5m~0.6m 处设腰杆），并设 180mm 高的挡脚板。

违章后果 ▶▶▶

高处作业一旦失去安全防护，易发生**作业人员高处坠落事故**。

62 违章现象：使用中的氧气瓶无防护圈，随意倒放。

违反条款 ▶▶▶

《国家电网公司电力安全工作规程（电网建设部分）》第4.6.4.1.14条：使用中的氧气瓶与乙炔气瓶应垂直放置并固定起来，氧气瓶与乙炔气瓶的距离不得小于 5m。第 4.6.4.1.20条：气瓶应佩戴 2 个防振圈。

违章后果 ▶▶▶

氧气瓶使用过程中，一旦受到剧烈冲击，在无安防措施的情况下，将发生爆炸造成人身伤害事故。

63 违章现象：后备保护绳对接使用。

违反条款 ▶▶

《国家电网公司电力安全工作规程（线路部分）》第 9.2.4 条：安全带和后备保护绳应分别挂在杆塔不同部位的牢固构件上。后备保护绳不准对接使用。

违章后果 ▶▶

易发生后备保护绳超出承载力断裂，造成**人员高处坠落事故**。

64 **违章现象：现场新立铁塔地脚螺栓未紧固。**

▌违反条款 ▶▶

《国家电网公司电力安全工作规程（电网建设部分）》第9.1.8l 条：铁塔组立后，地脚螺栓应随即加垫板并拧紧螺帽及打毛丝扣。

▌违章后果 ▶▶

新立铁塔杆基不稳固，易发生**倒塔断线及人身伤害事故**。

65 违章现象：挖掘施工区域未设置围栏及安全标志牌。

▌违反条款 ▶▶▶

《国家电网公司电力安全工作规程（电网建设部分）》第6.1.1.4条：挖掘施工区域应设围栏及安全标志牌，夜间应挂警示灯，围栏离坑边不得小于0.8m。夜间进行土石方作业应设置足够的照明，并设专人监护。

▌违章后果 ▶▶▶

基坑周边无任何安全警示标志及围栏，作业时易发生**人员坠落及落物伤人事故**。

66 违章现象：切割作业时未使用手持面罩或佩戴防护镜。

违反条款 ▶▶

《国家电网公司电力安全工作规程（电网建设部分）》第4.6.1.1条：进行焊接或切割作业时，操作人员应穿戴专用工作服、绝缘鞋、防护手套等符合专业防护要求的劳动保护用品。

违章后果 ▶▶

易造成**作业人员面部和眼睛灼伤事故**。

67 **违章现象**：在易燃易爆物品上方动火作业。

违反条款 ▶▶▶

《国家电网公司电力安全工作规程（变电部分）》第16.6.10.5条：动火作业应有专人监护，动火作业前应清除动火现场及周围的易燃物品，或采取其他有效的安全防火措施，配备足够使用的消防器材。

违章后果 ▶▶▶

易造成氧气瓶、乙炔气瓶爆燃，发生**意外事故**。

68 **违章现象：** 施工现场使用的传递绳多处破损。

违反条款 ▶▶▶

《国家电网公司电力安全工作规程（配电部分）》第14.2.9.1条：禁止使用出现松股、散股、断股、严重磨损的纤维绳。纤维绳（麻绳）有霉烂、腐蚀、损伤者不得用于起重作业。

违章后果 ▶▶▶

传递绳发生断裂，易发生**物体打击伤人和设备损坏事故**。

69 **违章现象：用安全绳吊运重物。**

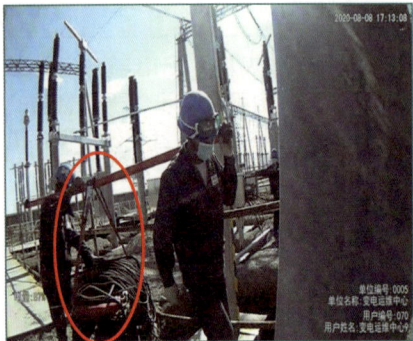

违反条款 ▶▶

《国家电网公司电力安全工作规程（电网建设部分）》第**5.4.1.5 条：** 安全工器具不得接触高温、明火、化学腐蚀物及尖锐物体，不得移作他用。

违章后果 ▶▶

安全绳一旦超过载荷，易崩断造成吊重物损坏及伤人事故。

70 **违章现象**：电焊作业辅助人员未佩戴眼保护装置。

违反条款 ▶▶

《国家电网公司电力安全工作规程（电网建设部分）》第4.6.1.2条：作业人员在观察电弧时，应使用带有滤光镜的头罩或手持面罩，或佩戴安全镜、护目镜或其他合适的眼镜。辅助人员也应佩戴类似的眼保护装置。

违章后果 ▶▶

面部失去保护，将造成**人员眼睛虹膜伤害**。

71 **违章现象**：坑沟未设置围栏，与设备区隔离围栏上未设置安全标志。

违反条款 ▶▶▶

《国家电网公司电力安全工作规程（电网建设部分）》第**3.1.6条**：施工现场及周围的悬崖、陡坎、深坑、高压带电区等危险场所均应设可靠的防护设施及安全标志。

违章后果 ▶▶▶

易发生人员**误入带电间隔**或施工现场**坠落伤害**。

72 **违章现象**：脚手管放置距离墙壁不足 0.5m。

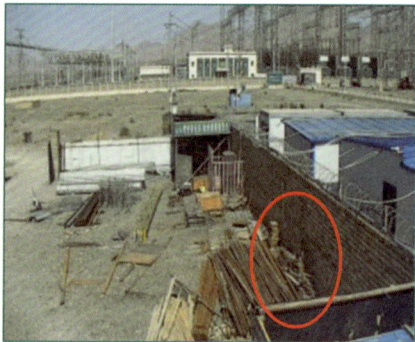

违反条款 ▶▶▶

　《国家电网公司电力安全工作规程（电网建设部分）》第3.4.2 条：材料、设备放置在围栏或建筑物的墙壁附近时，应留有 0.5m 以上的间距。

违章后果 ▶▶▶

　放置距离不足，**墙体严重挤压受力**将造成**倒塌伤人事故**。

73 违章现象：临时用电电源线铺设混乱。

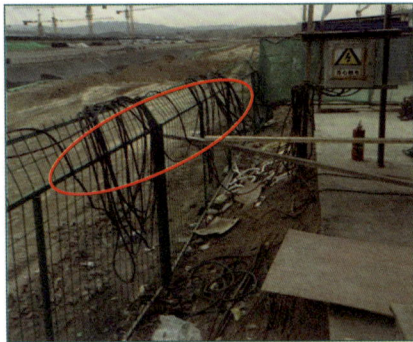

违反条款 ▶▶▶

《国家电网公司电力安全工作规程（电网建设部分）》第3.5.4.13条：用电设备的电源引线长度不得大于 5m，长度大于 5m 时，应设移动开关箱。移动开关箱至固定式配电箱之间的引线长度不得大于 40m，且只能用绝缘护套软电缆。

违章后果 ▶▶▶

电源线一旦破损，易导致周边金属体带电，造成**低压触电伤害**。

74 违章现象：作业人员在登高作业时未使用安全带和保护绳。

违反条款 ▶▶▶

《国家电网公司电力安全工作规程（配电部分）》第6.2.3（2）条：在杆塔上作业时，宜使用有后备保护绳或速差自锁器的双控背带式安全带，安全带和保护绳应分别挂在杆塔不同部位的牢固构件上。

违章后果 ▶▶▶

易导致作业人员登高失去保护，引发高处坠落事故。

75 **违章现象**：绝缘斗臂车未使用垫木。

违反条款 ▶▶

《国家电网公司电力安全工作规程（配电部分）》第 9.7.5 条：绝缘斗臂车应选择适当的工作位置，支撑应稳固可靠；机身倾斜度不得超过制造厂的规定，必要时应有防倾覆措施。

违章后果 ▶▶

绝缘斗臂车一旦倾覆，易发生**起重机械损坏或人员伤害事故**。

76 违章现象：接地针埋深不足 0.6m。

违反条款 ▶▶▶

《国家电网公司电力安全工作规程（配电部分）》第 4.4.14 条：杆塔无接地引下线时，可采用截面积大于 190mm² （如 φ16mm 圆钢）、地下深度大于 0.6m 的临时接地体。

违章后果 ▶▶▶

接地不可靠，作业人员接触设备时，易造成**触电伤害事故**。

77 **违章现象**：未断开负荷侧隔离开关即进行带电断、接空载线路。

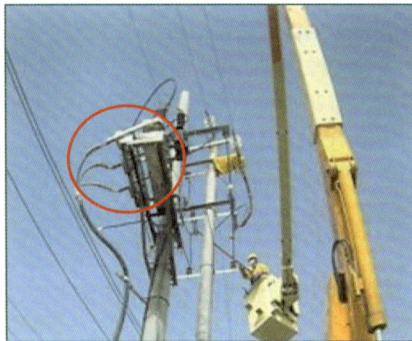

违反条款 ▶▶▶

《国家电网公司电力安全工作规程（配电部分）》第9.3.3条：带电断、接空载线路时，应确认后端所有断路器（开关）、隔离开关（刀闸）已断开，变压器、电压互感器确已退出运行。

违章后果 ▶▶▶

后端开关未断开，易发生反送电，造成**人员伤害事故**和**设备损坏事件**。

78 **违章现象：**带电接引线过程中作业人员未佩戴护目镜。

违反条款 ▶▶

　　《国家电网公司电力安全工作规程（配电部分）》第9.2.6条：带电作业，应穿戴绝缘防护用具（绝缘服或绝缘披肩、绝缘袖套、绝缘手套、绝缘鞋、绝缘安全帽等）。带电断、接引线作业应戴护目镜，使用的安全带应有良好的绝缘性能。

违章后果 ▶▶

　　带电作业一旦产生弧光，将发生**人员眼睛灼伤事故**。

79 违章现象：下部操作人员离开操作台。

违反条款 ▶▶▶

《国家电网公司电力安全工作规程（配电部分）》第9.7.4条：在工作过程中，绝缘斗臂车的发动机不得熄火（电能驱动型除外）。接近和离开带电部位时，应由绝缘斗中人员操作，下部操作人员不得离开操作台。

违章后果 ▶▶▶

升降过程一旦发生起重故障，将造成**机械损坏或斗内人员伤害事故**。

80 违章现象：高处作业人员随手上下抛掷器具、材料。

违反条款 ▶▶▶

《国家电网公司电力安全工作规程（配电部分）》第 9.2.15 条：禁止地电位作业人员直接向进入电场的作业人员传递非绝缘物件。上、下传递工具、材料均应使用绝缘绳绑扎、严禁抛掷。

违章后果 ▶▶▶

高空抛掷物体，易造成**物体打击伤害，引发事故**。

第二章

管理违章

81 **违章现象**：安全工器具月度检查台账无记录。

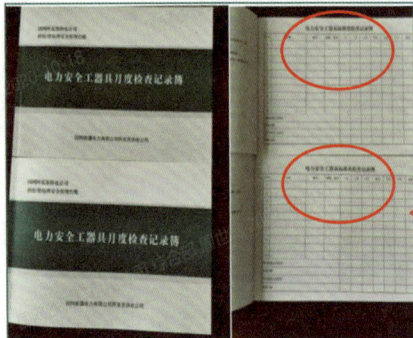

违反条款 ▶▶

《国家电网公司电力安全工器具管理规定》第四十二条：班组（站、所）应每月对安全工器具进行全面检查，做好检查记录。

违章后果 ▶▶

易发生安全工器具损坏不能及时更换，使现场作业人员使用不合格安全工器具，造成**人员伤害事故**。

82 违章现象：到岗到位人员未履行现场到位。

序号	项目名称	作业内容	建设管理单位（作业组织单位、各单位上墙时具体到组级公司）	到岗到位人员 姓名	职务
24	线路转置	10kV71041三副线线路转置	国网河双港县供电公司	/	/
25	线路转置	10kV71041长二线线路转置	国网河双港县供电公司	/	/
26	更换故障柱	10kV71003西一线A069EB004股灾现压线故障之5号、甲支69号、甲支72号、甲支86号、甲支11号杆更换单相柱故障表计（3人）	国网河双港县供电公司	王家希工·西侬尔	配电运维工
27	更换故障柱	1072现柱线路线085718008股灾甲49支02号杆、甲支7号杆柱故障表更换（2人）	国网河双港县供电公司	平青松	所长
28	业扩验收	356开转计开工日查双建业10kV71082样嵌城工业园区1分支011号杆1根阿双建曼尔曼冲拖柱双二曲故双验收扩丁程验收	国网河双港县供电公司	杨基英	主任

违反条款 ▶▶▶

《国家电网安全生产典型违章100条》第98条：大型施工或危险性较大的作业期间管理人员未到岗到位。

违章后果 ▶▶▶

作业现场失去管理人员安全监督检查，易使现场施工风险管控不到位，造成**施工人员违章，引发事故**。

83 **违章现象**：特种作业人员无特种作业资格证。

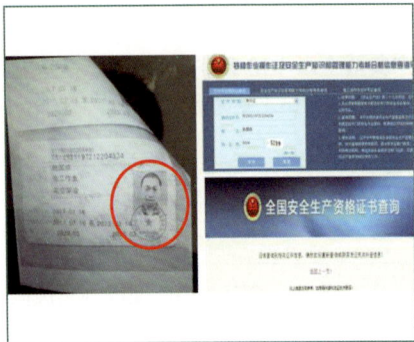

违反条款 ▶▶

《国家电网公司安全生产工作规定》第41条：特种作业人员，应经专门培训，并经考试合格取得资格、单位书面批准后，方可参加相应的作业。

违章后果 ▶▶

不具备特种作业技能，易发生**人身事故**。

84 **违章现象：现场勘察履责不到位，安全措施缺失一组接地线。**

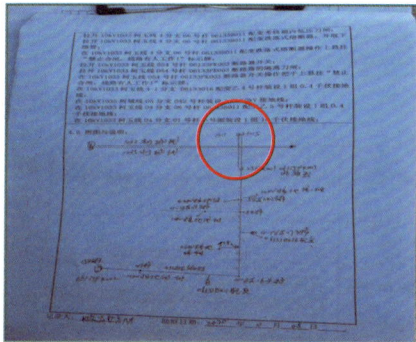

违反条款 ▶▶▶

《国家电网公司电力安全工作规程（配电部分）》第 3.2.3 条：现场勘察应查看检修（施工）作业需要停电的范围、保留的带电部位、装设接地线的位置、邻近线路、交叉跨越、多电源、自备电源、地下管线设施和作业现场的条件、环境及其他影响作业的危险点，并提出针对性的安全措施和注意事项。

违章后果 ▶▶▶

现场勘察不到位、安全措施不完整，易发生**人身触电伤害**。

85 违章现象：工作许可人未履行签字手续。

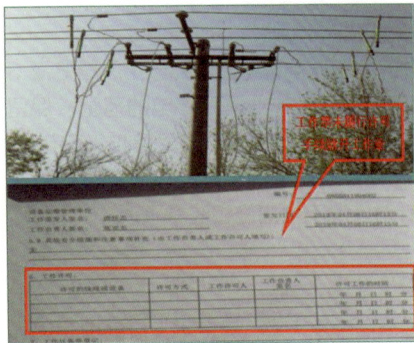

违反条款 ▶▶▶

《国家电网公司电力安全工作规程（配电部分）》第3.4.9条（1）：当面许可。工作许可人和工作负责人应在工作票上记录许可时间，并分别签名。

违章后果 ▶▶▶

现场安全交底落实不到位，易发生**人身触电或机械伤害**。

86 **违章现象**：现场存在违章牵引，到岗到位人员未进行制止。

违反条款 ▶▶▶

《国家电网公司电力安全工作规程（配电部分）》第1.2条：任何人发现有违反本规程的情况，应立即制止，经纠正后方可恢复作业。

违章后果 ▶▶▶

牵引绳发生断裂，人员易造成**物体打击伤害**。

87 **违章现象：安规考试成绩不合格人员参与现场作业。**

违反条款 ▶▶▶

《国家电网公司电力安全工作规程（配电部分）》第 2.1.9 条：作业人员对本规程应每年考试一次。因故间断电气工作连续三个月及以上者，应重新学习本规程，并经考试合格后，方可恢复工作。

违章后果 ▶▶▶

不具备安全风险防范意识，易发生**人身、电网、设备事故**。

88 违章现象：施工现场无计划、无票作业。

▌违反条款 ▶▶▶

《国家电网公司生产作业现场防止人身伤害十条禁令》第二条：严禁无计划（除事故抢修）工作、超计划工作、无票工作（操作）、搭票工作、超工作票范围擅自增加工作。

▌违章后果 ▶▶▶

作业现场失去管控，易发生各类事故。

89 **违章现象**：新入职人员未经三级安全教育培训及《国家电网公司电力安全工作规程》考试。

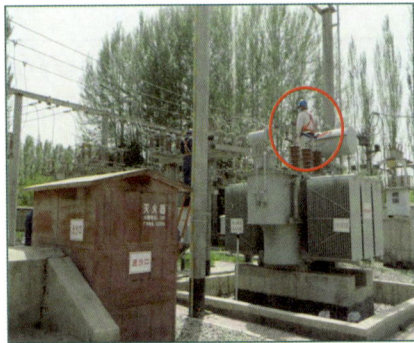

违反条款 ▶▶▶

《国家电网公司电力安全工作规程（变电部分）》第 4.4.3 条：新参加电气工作的人员、实习人员和临时参加劳动的人员（管理人员、非全日制用工等），应经过安全生产知识教育后，方可到现场参加指定的工作，并且不得单独工作。

违章后果 ▶▶▶

不具备作业条件人员，开展安全生产工作，易酿成**意外事故**。

90　违章现象：安全活动未正常开展。

违反条款 ▶▶

《国家电网公司安全生产工作规定》第56.3条：班组每周或每个轮值进行一次安全日活动，活动内容应联系实际，有针对性，并做好记录。班组上级主管领导每月至少参加一次班组安全日活动并检查活动情况。

违章后果 ▶▶

不能吸取事故教训，在安全生产管理环节上产生漏洞，易发生生产事故。

91 **违章现象：** 绝缘线路未设置验电接地环。

违反条款 ▶▶

《国家电网公司电力安全工作规程（配电部分）》第2.2.2条：在绝缘导线所有电源侧及适当位置（如支接点、耐张杆处等）、柱上变压器高压引线处，应装设验电接地环或其他验电、接地装置。

违章后果 ▶▶

绝缘导线没有验电部位，将无法装设接地线，导致现场**作业接地措施不完善造成人员触电伤害事故**。

92 **违章现象：带电设备对地距离不足 2.5m。**

违反条款 ▶▶▶

《国家电网公司电力安全工作规程（电网建设部分）》第
3.5.2.1 条：10kV/400kVA 及以下的变压器宜采用支柱上安
装，支柱上变压器的底部距地面的高度不得小于 2.5m。

违章后果 ▶▶▶

易使外部人员误碰带电设备，导致触电伤害。

第三章

装置违章

93 违章现象：待用间隔设备上无设备标志。

违反条款 ▶▶▶

《国家电网公司电力安全工作规程（变电部分）》第5.3.5.2条：操作设备应具有明显的标志，包括命名、编号、分合指示，旋转方向、切换位置的指示及设备相色等。

违章后果 ▶▶▶

易发生误碰、误操作待用间隔设备，造成**人员触电伤害**。

94 违章现象：电气设备金属外壳未接地。

违反条款 ▶▶

《国家电网公司电力安全工作规程（变电部分）》第16.3.1条：所有电气设备的金属外壳均应有良好的接地装置。使用中不准将接地装置拆除或对其进行任何工作。

违章后果 ▶▶

失去接地保护，表箱若有漏电，会造成人员**低压触电伤害事故**。

95 违章现象：临时用电不满足"一机一闸一保护"要求。

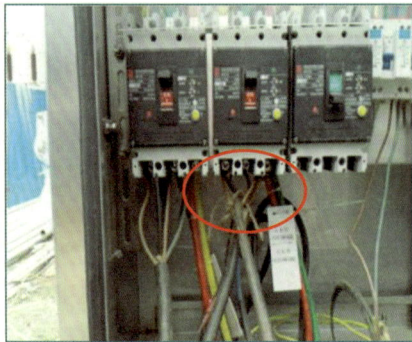

违反条款 ▶▶▶

《国家电网公司电力安全工作规程（变电部分）》第16.4.2.7条：连接电动机械及电动工具的电气回路应单独设开关或插座，装设剩余电流动作保护器（漏电保护器），金属外壳应接地；电动工具应做到"一机一闸一保护"。

违章后果 ▶▶▶

易导致人员触电伤害或电动机具烧毁事故。

96 违章现象：吊钩无防脱落装置。

违反条款 ▶▶

《国家电网公司电力安全工作规程（电网建设部分）》第5.3.1.6.3条：使用开门式滑车时应将门扣锁好，采用吊钩式滑车，应有防止脱钩的钩口闭锁装置。

违章后果 ▶▶

易发生吊物脱落，造成坠物伤人事故。

97 违章现象：线路杆号不唯一、不正确。

违反条款 ▶▶▶

《国家电网典型违章100条》第92条：线路杆塔无线路名称和杆号，或名称和杆号不唯一、不正确、不清晰。

违章后果 ▶▶▶

易发生人员误登杆操作、误碰带电设备，导致**触电伤害事故**。

98 **违章现象**：绞磨机皮带轮部分未装设防护罩。

违反条款 ▶▶

　　《国家电网公司电力安全工作规程（线路部分）》第 16.2.1 条：机器的转动部分应装有防护罩或其他防护设备（如栅栏），露出的轴端应设有护盖，以防绞卷衣服。禁止在机器转动时，从联轴器（靠背轮）和齿轮上取下防护罩或其他防护设备。

违章后果 ▶▶

　　易导致人员**机械伤害事故**。

99 违章现象：拉线与低压线路安全距离不足。

■ 违反条款 ▶▶

《国家电网公司电力安全工作规程（配电部分）》第9.2.7条：对作业中可能触及的其他带电体及无法满足安全距离的接地体（导线支承件、金属紧固件、横担、拉线等）应采取绝缘遮蔽措施。

■ 违章后果 ▶▶

易导致人员**触电伤害事故**。

100 **违章现象**：设备处于运行状态，柜门"五防"未闭锁。

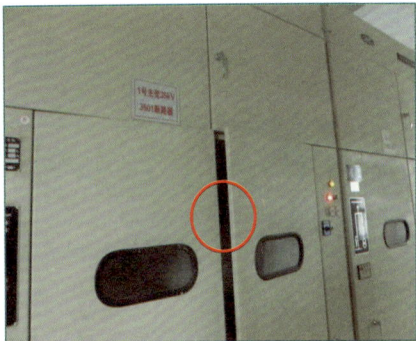

违反条款 ▶▶▶

《国家电网公司电力安全工作规程（变电部分）》第5.3.5.3条：高压电气设备都应安装完善的防误操作闭锁装置。防误操作闭锁装置不得随意退出运行，停用防误操作闭锁装置应经设备运维管理单位批准。

违章后果 ▶▶▶

易误入带电间隔、误操作、误碰带电设备，造成**人身伤害事故**。